消防安全

——我有话说

《公共安全——我有话说》编委会　编

中国劳动社会保障出版社

图书在版编目（CIP）数据

消防安全：我有话说/《公共安全——我有话说》编委会编. -- 北京：中国劳动社会保障出版社，2023
（公共安全：我有话说）
ISBN 978-7-5167-6160-1

Ⅰ.①消…　Ⅱ.①公…　Ⅲ.①消防－安全教育－基本知识　Ⅳ.①TU998.1

中国国家版本馆 CIP 数据核字（2023）第 187723 号

中国劳动社会保障出版社出版发行
（北京市惠新东街 1 号　邮政编码：100029）

*

北京市艺辉印刷有限公司印刷装订　新华书店经销
880 毫米 × 1230 毫米　64 开本　2.625 印张　50 千字
2023 年 12 月第 1 版　　2023 年 12 月第 1 次印刷
定价：20.00 元

营销中心电话：400-606-6496
出版社网址：http://www.class.com.cn

作者的话：
爱是一种智慧

家里的孩子们长大了，有的上了学，有的步入了社会。看到他们的成长，我十分欣慰，同时也隐隐地有些许担忧，能够独立面对生活本是一件好事，但是担心他们能不能很好地处理生活中或工作场所可能发生的危险，比如能不能从自身做起避免火灾发生，即使遇上火灾，能不能科学合理地处理。我因工作原因在这方面积累了比较丰富的知识，十分想把这些知识传授给他们。因为孩子们比较分散，一个一个给他们讲难以实现，另外，通过面对面的口头说教效果也不好，完全不往心里去。于是我一直在思考通过什么样的方式，才能够很好地让他们掌握这些知识。我发现年轻人普遍喜欢在手机上看短视频，于是想借助互联网的力量，把相关内容录制成有意思的短视频，让孩子们观看。出于这个目的，我开始着手编写幻灯片，准备录制视频。等编写完了我才发现，编写的幻灯片其实就是一本很好的书，我事实上写了一本书。

如果没有对孩子们的爱，我可能不会完成这本书，是爱成就了这本书，是爱激发了我的创作热情和灵感。因此，我想说：爱是一种智慧。

幼吾幼以及人之幼，我也想把这本洋溢着满满的爱的书献给广大青少年读者，希望你们能够从书中汲取营养，养成处处细心、平安生活和工作的习惯，让家里的老人放心，让牵挂你们的人安心。爱使我写了这本书，但愿爱能使你们成为有责任心的人，成为有成就的人。另外，我也希望大家将这份爱传递下去，由长辈传给晚辈、由企业负责人传给员工、由朋友传给朋友，一起构筑平安的生活、生产环境。

我要继续把书中的内容录制成视频与大家分享。愿爱温暖到所有的人，愿天下所有的人一生平安幸福。

前言

有些知识原本不是十分复杂，但使用长篇文字描述以后，变得不那么容易理解，造成知识普及、传播的困难。如果能够使用准确、恰当、易于理解的图形、图像或高度概括的表述方式进行表达，有时候十分简洁、直观，一幅图、一句话胜过成百上千的文字，十分便于读者理解、记忆。本书尝试对消防知识、原理进行比较彻底的图形化、概括化处理，尽量使用简单、易懂的图形进行讲述，辅以简洁的文字说明，使内容回归简单，读者能够轻松掌握。

内容简介

消防知识是每个人必须掌握的知识之一，无论是儿童、学生还是成年人，都应该及早学习，尤其是在各个工作岗位上工作的人员，更应该熟练掌握。

本书最大限度地采用图形和高度概括的表述等方式来描述和讲述消防原理、方法等内容，以取代满篇抽象的文字，集知识性和趣味性于一体，使读者学习起来轻松愉快。

本书未采取同类书传统的写法，生硬地讲述哪些事可以做，哪些事不可以做，而是通过对原理的讲解，让读者自己去领悟哪些事可以做，哪些事不可以做，做到启发式学习。

本书由北京万卷天地图书有限公司组织编写。

目录

火和火灾

自从人类发现火以来，就存在着两种截然相反的行为：生火（安全用火）和灭火（消灭火灾）。安全地使用火，可以保障人们正常的生产、生活顺利进行。火一旦失去控制，便会酿成灾害，轻则造成财产损失，重则导致家破人亡，在这种情况下，就需要进行灭火。

生火

生火、用火是人类文明程度的标志。在古代，人们想尽各种办法生火，用于生产和生活，常用的生火方法有钻木取火、火镰与火石生火，以及用于保存火种的火折子生火。

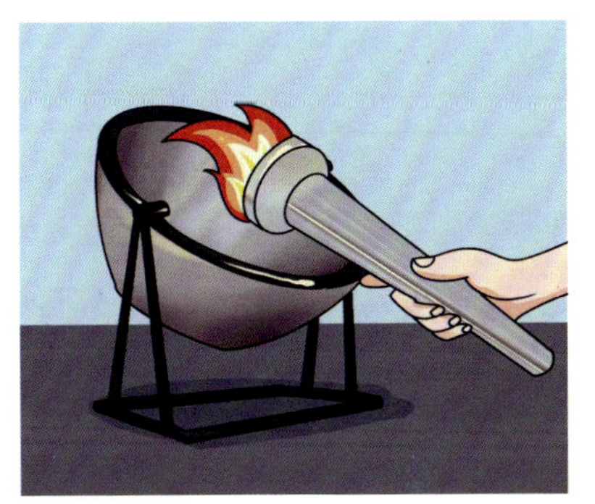

现在，生火的方法更加先进了，比如说火柴生火、电子器件生火、聚光生火等。

钻木取火

钻木取火的原理是摩擦生热然后起火。当一根木头在另一根木头上快速摩擦时，通过木头之间产生的热，可以点燃易燃材料从而生火。

火镰与火石生火

火镰（铁片）与火石（燧石）快速摩擦时，产生火星，能够点燃易燃材料，用来生火。

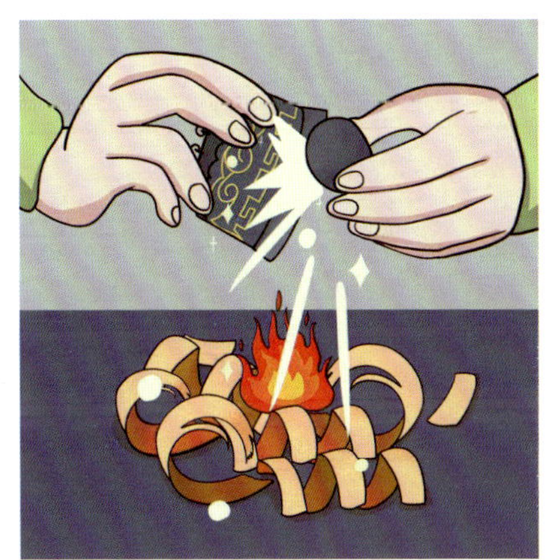

火折子

将一种植物纤维制作成火绒，捻成条状，点燃后放在留有通风孔的木制管中，在其中缓慢燃烧，可用于长时间保存火种。使用时取出，吹几下便可燃烧起来，用来生火。

灭火

一旦用火失控就会酿成灾害，需要想办法将火扑灭，将损失降到最低。

思考

　　我国最早有用火证据的古代文明在哪里？

　　你还知道哪些生火方式？

火的产生

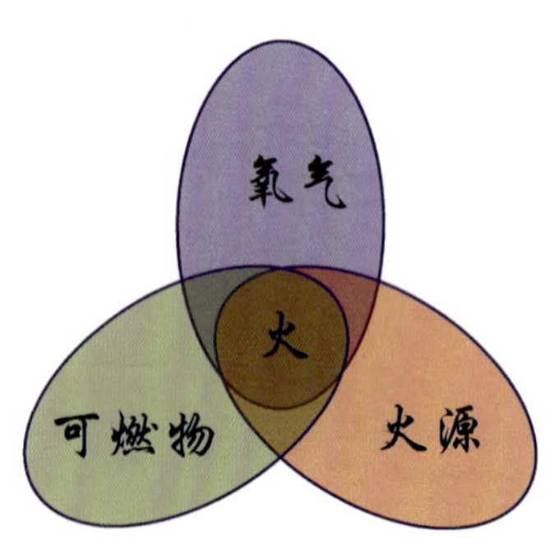

火的产生需要三个条件同时存在：氧气（应为助燃物，本书为追求简洁、易懂，均称为氧气）、可燃物和火源，缺一不可。

举例：

火的种类	氧气来源	可燃物	火源
打火机点火	空气	丁烷气	电火花
内燃机汽车发动	空气	汽油或柴油	火花塞火花
燃气灶点火	空气	煤气或液化石油气	电池产生的火花
纸张被烟头点燃	空气	纸张	烟头

火离开氧气不能燃烧。在我们生活的空间中，氧气几乎无处不在，空气中即包含氧气，每100毫升空气中含有约21毫升的氧气。

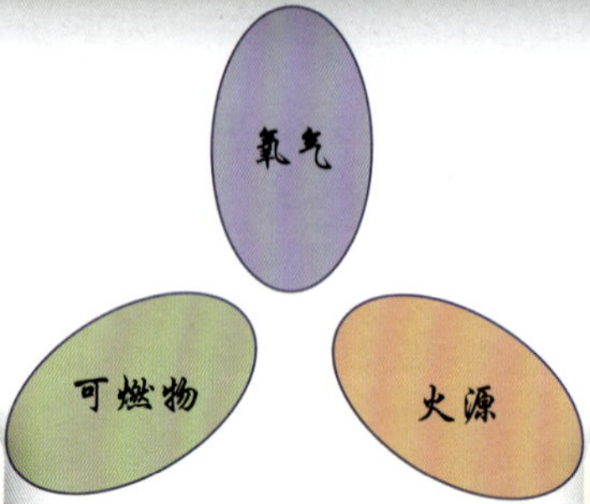

氧气

可燃物

火源

一切能燃烧的东西都是可燃物，如液化石油气、天然气、木材、煤炭、塑料、汽油、酒精等。

一切能使物体燃烧的高温物体都是火源，如烟头、火花、火焰、炽热物体等。

火灾隐患

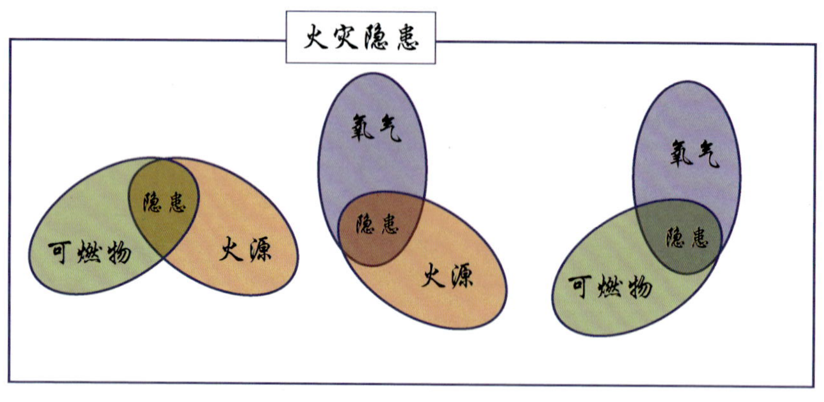

虽然没有着起火来，但如果同时具有着火三个条件中的两个条件，就存在着火风险，这就是火灾隐患。隐患是可能发生但还没有发生的事故。

最大的危险是身处危险之中而没有意识到危险，很多事故就是这样造成的，火灾隐患就是一种不容易让人引起重视的危险。因此，定期查找火灾隐患，进行隐患治理，确保着火的三个条件不会同时存在，是预防火灾发生很重要的原则。

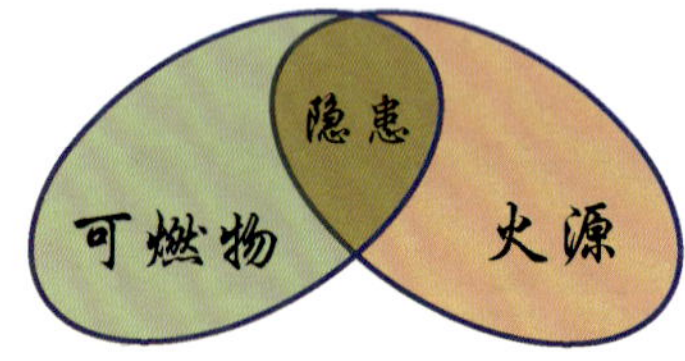

可燃物与火源同时存在，就是一种火灾隐患，此时有氧气就会着火。在这种情况下，控制氧气就成为防止着火的关键。由于氧气几乎无处不在，只有使可燃物与火源保持足够的距离，才能消除火灾隐患。

白磷在40℃的环境下即可自行燃烧。因此，白磷一般保存在水中，以隔绝氧气。

气焊气割时，乙炔（易燃气体）气瓶与焊接地点应该保持足够的安全距离，就是保证可燃物与火源的距离，确保安全。

氧气与火源同时存在，只要有可燃物就可以着火，也是一种火灾隐患。由于生产、生活中的许多物品、原料都是可燃物甚至是易燃物，这种情况非常危险，要尽量使氧气和火源保持足够的距离以消除隐患。

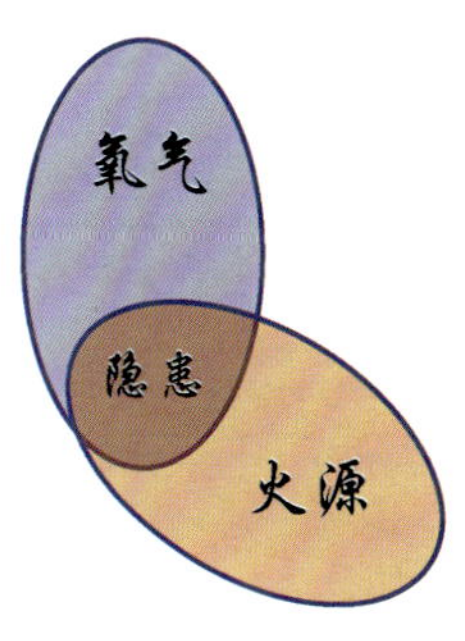

气焊气割时，氧气瓶与焊接地点应该保持足够的安全距离，就是保证氧气与火源的距离，确保安全。

在生产、生活中，难以避免这种情况时一般会完全去除可燃物或严格控制现场可燃物的数量，这样即使不慎发生燃烧事故，但燃烧范围可控，从而不会造成大的灾害。例如，焊接车间、明火操作场所、厨房等地方不要存放过多的可燃物。

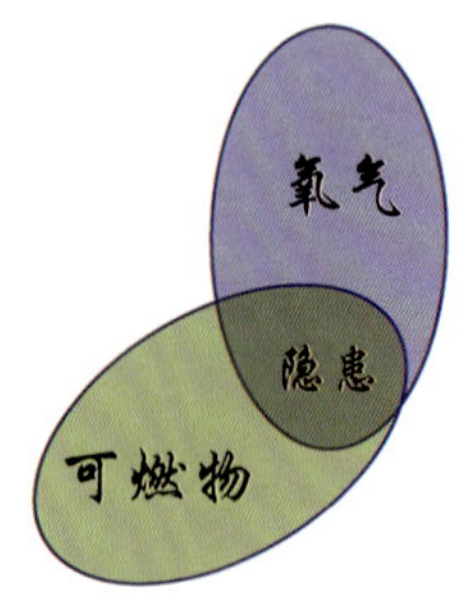

氧气和可燃物同时存在，只要有火源，就可以着火，是最常见的一种火灾隐患。由于氧气几乎无处不在，多数物品又可燃甚至易燃，难以做到氧气和可燃物分离。可燃物特别是易燃物多的地方，一定要做好火源控制工作，否则稍有不慎就会发生火灾，例如加油站、木材仓库、化工车间等。

进入林区或景区时，工作人员严禁人们携带打火机，就是要控制火源，以防火灾的发生。

气焊气割时，氧气瓶和乙炔（易燃气体）气瓶要保持足够的安全距离，就是保证了可燃物和氧气的距离，确保安全。

注意

使用酒精喷雾消毒时，屋内要避免火源，如烟头、使用电器等，以免引燃酒精蒸气和氧气的混合物，甚至发生爆炸。最好使用棉布蘸酒精擦拭家里的家具和器物，不要进行喷雾消毒。对酒精的用量要进行控制，一次性使用大量的酒精擦拭后，酒精挥发成气体也可以引起燃烧或爆炸。

思考

举出几个火灾隐患的例子。

就举出火灾隐患的例子，提出消除隐患的办法或避免火灾发生的注意事项。

想一想在哪些场合工作人员会检查你是否随身携带了打火机，为什么？

灭火原理

去掉着火三个条件中的任何一个条件，或中止燃烧化学反应链，火即可熄灭。

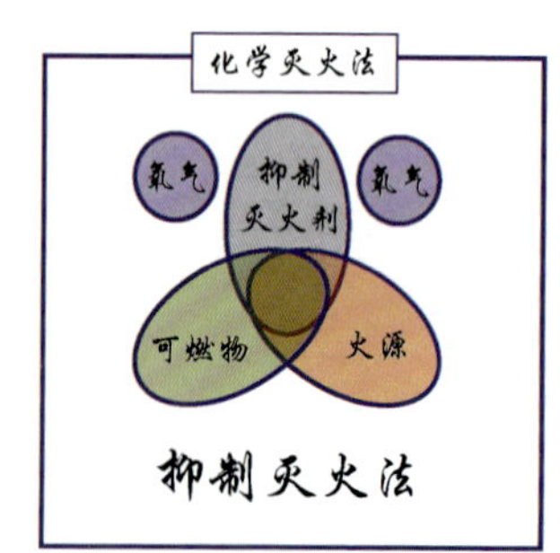

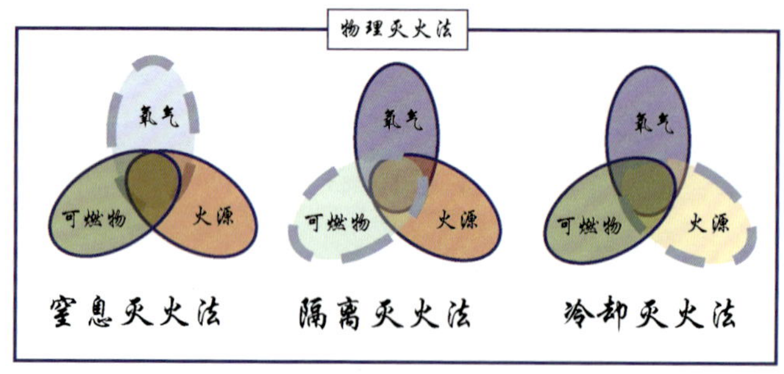

窒息灭火法

阻止空气流入燃烧区或用不燃物质冲淡空气，使燃烧得不到足够的氧气而熄灭。

具体方法有：

1. 用沙土、水泥、湿麻袋、湿棉被等不燃或难燃物质覆盖燃烧物。

2. 用氮气、二氧化碳等惰性气体灌注发生火灾的容器、设备。

3. 密闭起火建筑、设备和孔洞。

4. 把不燃的气体或液体（如二氧化碳、氮气、四氯化碳等）喷洒到燃烧区域内或燃烧物上。

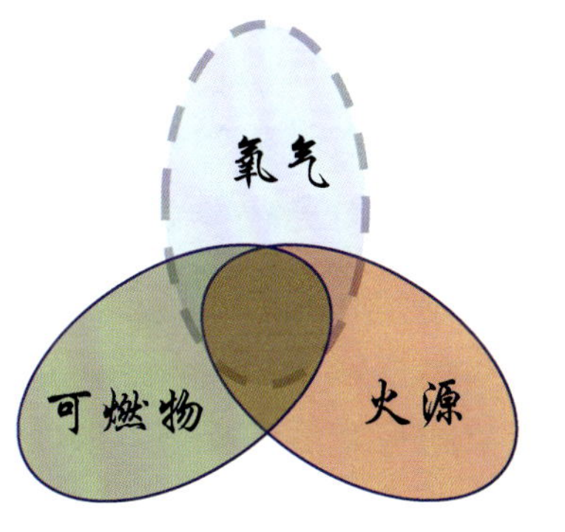

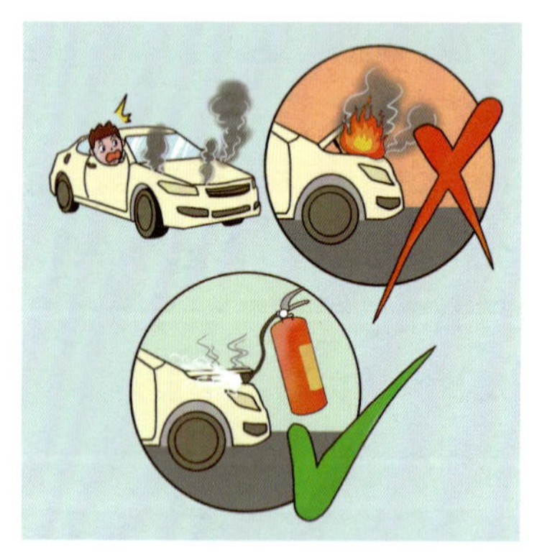

例如，汽车发动机舱起火时，机舱盖起到了部分窒息灭火的作用，由于空间有限，没有足够的氧气参与燃烧，火势发展较慢。这时如果完全打开发动机舱盖，空气马上会大量流入，使燃烧加剧。所以汽车发动机舱起火时，不要急于完全打开机舱盖灭火，要将机舱盖稍微抬起，形成一条缝隙，将灭火器通过缝隙向里面喷射灭火剂可有效灭火。

隔离灭火法

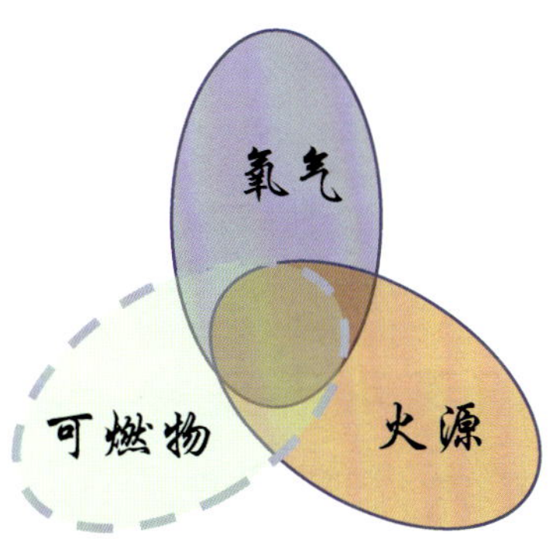

将火源处或其周围的可燃物隔离或移开，燃烧会因缺少可燃物而停止。

具体方法有：

1. 把火源附近的可燃、易燃、易爆物品搬走。

2. 关闭可燃气体、液体管道的阀门，减少和阻止可燃物质进入燃烧区。

3. 设法阻拦流散的易燃、可燃液体，以免其通过流淌扩大火灾范围。

4. 拆除与火源毗连的易燃建筑物，形成防止火势蔓延的空间地带。

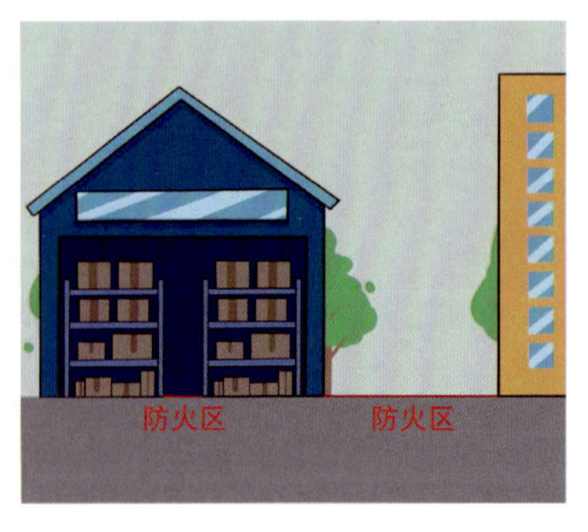

建筑物与建筑物之间、货物堆垛与货物堆垛之间要保持一定的距离，称为防火带或防火区，这样可以防止一栋建筑或一堆货物着火后引燃相邻的建筑或货物，避免扩大火灾损失。

冷却灭火法

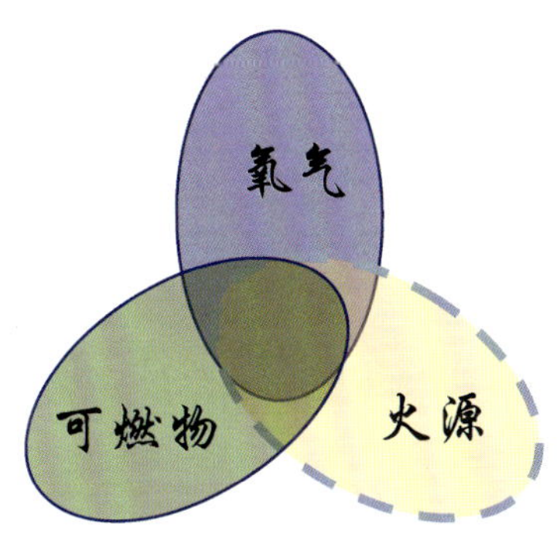

将灭火剂直接喷射到燃烧物上，以增加燃烧物的散热量，把燃烧物的温度降低到燃点以下，使燃烧停止；或者将灭火剂喷洒在火源附近的物体上，使物体不受火焰辐射热的影响，避免形成新的着火点。冷却灭火法是灭火的一种主要方法，常用水或干冰作为灭火剂。

例如，湿的木材是很难着火的，就是因为湿的木材不容易很快升温。因此，在火灾现场把着火的物品淋湿，可以将火扑灭。

抑制灭火法

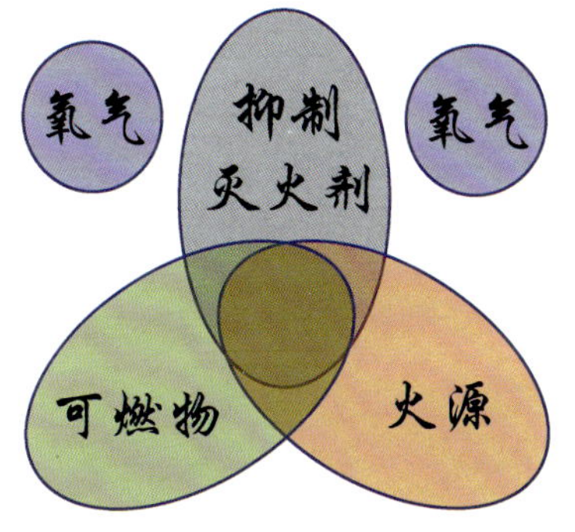

抑制灭火法也叫化学中断灭火法，就是将抑制灭火剂喷射到火中去，抑制灭火剂代替氧气参与到燃烧反应中，使燃烧产生的游离基消失，不再与氧气发生反应，形成稳定或低活性的游离基，使燃烧停止。即使燃烧物周围有氧气存在，燃烧物也不再和氧气进行反应，因此，火被熄灭。这种灭火法和窒息灭火法相似，相当于去除了燃烧反应中的氧气使火熄灭。多数干粉灭火器就是采用抑制灭火法扑灭火灾的。

思考

油罐着火了，消防员将泡沫喷入油罐内将火扑灭，属于哪种灭火原理？

一块木材着火了，通过洒水的方式将火扑灭，属于哪种灭火原理？

运转的电动机着火了，工人使用二氧化碳灭火器将火扑灭，属于哪种灭火原理？

消防工作方针

我国消防工作的方针为：预防为主，防消结合。

按照着火的基本原理，火灾是可以预防的。只要不使着火的三个条件同时存在，就不会发生火灾。

因此，在生产、生活中，要尽量采取措施预防火灾的发生，只有在预防失败的情况下，才采取灭火措施扑灭火灾，使火灾损失降到最低程度。

预防的内涵

火灾不会经常发生，但每时每刻都要采取必要的措施进行防范，一旦放松警惕，就有可能酿成灾难，这是一种主动的减灾行为。经常发生的事情容易防，偶然发生的事情却最难防，因为容易麻痹大意造成事故。

要防止偶然发生的事故，付出的“代价”常常是很大的。例如，为了防止家用电气设备出现故障导致火灾，当家里没人的时候，要做到关闭电气设备的电源。不是每次不关闭电气设备的电源都会发生火灾，但是，不关闭电气设备的电源就可能导致事故的发生，一旦发生火灾，造成的损失是非常大的。所以，要确保不发生电气火灾事故，必须保证每次离家时都要检查电气设备的电源是否已经关闭，这就是为了确保安全应关注的细节。为了确保安全，一切防范火灾的措施都必须落实到每一处细节。

有些火灾一旦发生，发展十分迅速，甚至有爆炸发生，破坏力巨大，往往造成巨大的损失，着火之后极难扑灭，例如煤气、汽油、粉尘着火、爆炸等。因此，要特别重视火灾的预防。

初起火灾时，参与燃烧的物品少、火焰温度低、着火范围小，如果消防物资准备充足且采取的扑救方法得当，可以很容易地将火扑灭。一旦火灾发展起来，扑救就比较困难，有时候扑救工作只能控制火灾的发展范围，眼睁睁地看着着火的物品燃烧殆尽，等火自行熄灭，十分无奈。数据显示，着火后3分钟之内的火灾容易扑灭，3分钟以后，火灾就会迅速发展，扑救的难度大增。因此，做好火灾预防工作，不使火灾发生，是消防工作的重点。

防范火灾，主要依靠制定合理的消防制度、应用合理的生产工艺、建设完备的消防基础设施等措施。例如，工厂要求工人下班后及时断电、控制生产过程中的温度、建立温度和压力监控系统等，可有效预防火灾的发生。

思考

你知道油罐车下面拖着的导静电链的作用吗？

你在家和单位能否做到人走灯灭，能否检查燃气灶用后是否熄灭？

你是否有过违规在不允许吸烟的地方吸烟的经历，以后还会不会这样做？

防消结合内涵

虽然消防工作主要靠预防，但不一定能够百分之百防住火灾，因此，还要做好灭火工作。消防灭火是最后一道阻止灾害发生或火灾扩大的屏障，是预防火灾措施失败后的补救措施，一旦灭火失败，将会付出很大的代价。因此，消防工作要做到防消结合。

防消结合示意图

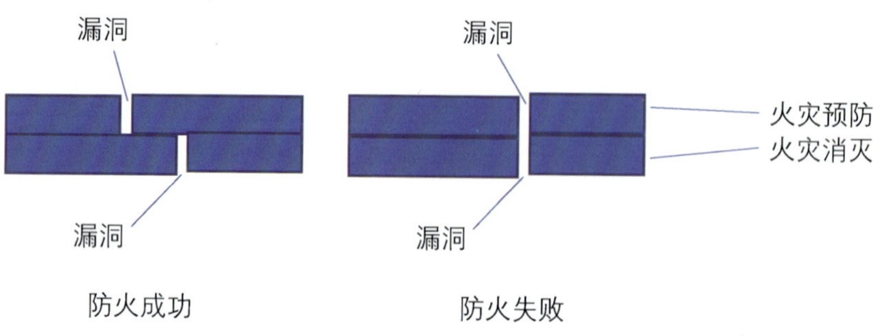

假如火灾预防失败的概率为20%，灭火失败的概率为20%，那么，发生火灾的概率为20%×20%=4%，不发生火灾的概率为96%。如果只依靠火灾预防或灭火来保障安全，那么，发生火灾的概率均高达20%。这样来看，火灾预防加上灭火可大大减小火灾发生的概率，这就是人们日常所说的“双保险”。

思考

你所在的工作场所、家里有没有配备灭火器？

你所在的单位防消结合制度有哪些？

你是否真正掌握了防消结合的含义？

火灾预防

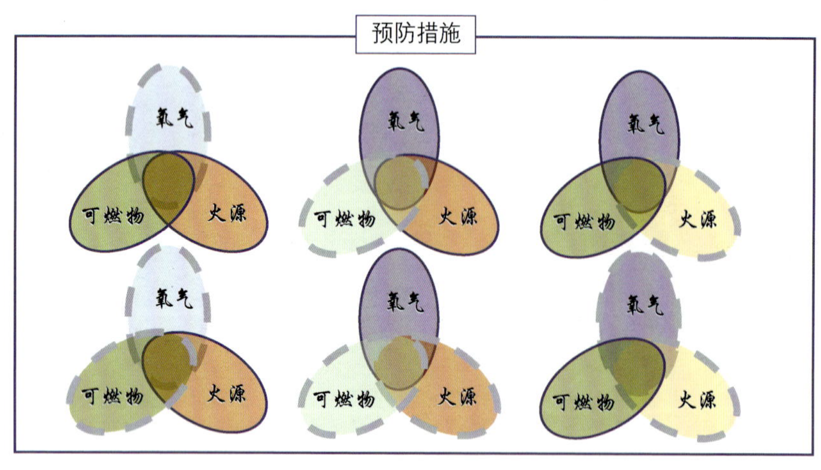

根据着火原理，去掉着火三个条件中的一个或两个条件，就可以防止火灾的发生。

在现实生活中，着火三个条件中的一些条件很难去掉，尤其是氧气，因此，常见的火灾预防措施有以下两种。

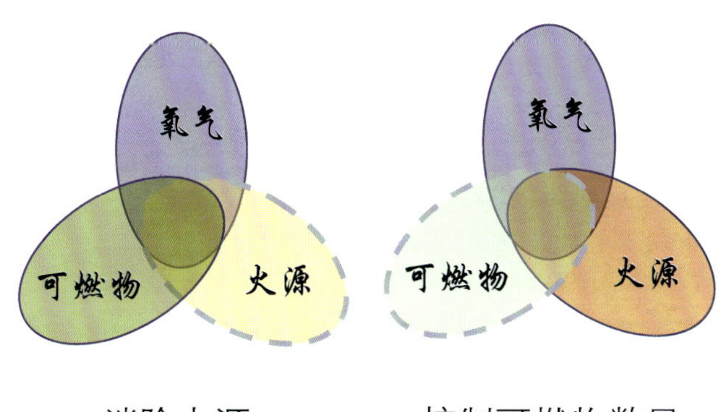

消除火源　　控制可燃物数量

消除火源

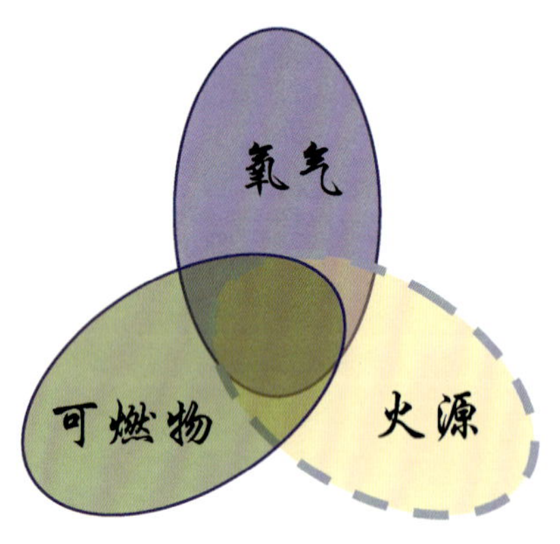

在可燃物和氧气同时存在的场所要严格消除火源，防止着火三个条件同时存在，可有效地防止火灾的发生。由于氧气几乎无处不在，在具有可燃物的场所去掉氧气几乎是不可能的，因此，消除火源是最常用的预防火灾发生的手段。

消除火源的手段

1. 严禁烟火。
2. 禁止穿能产生火花的服装。
3. 禁止使用能产生火花的工具。
4. 使用防爆电气设备。
5. 禁止未安装阻火器的车辆进入生产场所。
6. 使用明火要办理动火审批手续。
7. 不在室内给电动自行车电池充电。

1. 严禁烟火

重要场所要严禁烟火，避免任何形式的明火出现。要引起重视的是，不要在这样的场所吸烟，以免吸烟后烟蒂未彻底熄灭引燃易燃物品造成火灾。因吸烟引起的火灾很多，一个小小的烟蒂能够造成巨大的损失。

2. 禁止穿能产生火花的服装

穿化纤衣物容易产生静电火花，穿带有铁钉的鞋会因为铁钉撞击地面产生火花，如果在易燃易爆场所，很容易引发火灾爆炸事故。因此，此类工作场所(例如加油站)对服装和鞋的要求是很严格的，有的地方甚至要求员工穿导静电鞋。

3. 禁止使用能产生火花的工具

铁制工具和设备碰撞容易产生火花，因此，在易燃易爆场所要使用不产生火花的工具，如有橡胶保护的工具、胶木工具和铜制工具等。

4. 使用防爆电气设备

即使在发生故障的时候，防爆电气设备也不会在外部产生火花。因此，在易燃易爆危险场所，要使用防爆电气设备。

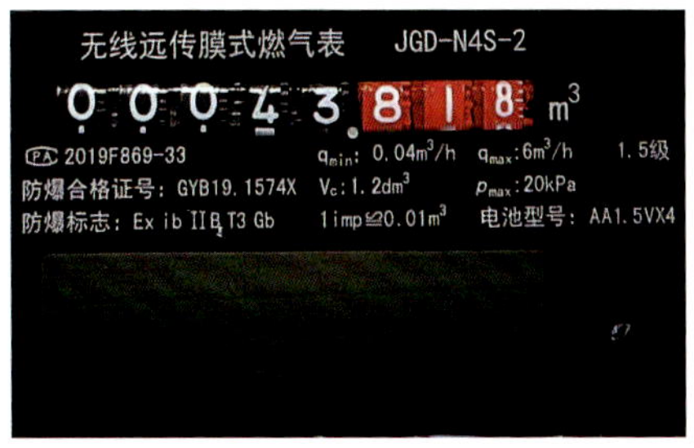

例如，燃气表将电阻和电容器浇封为一体，即使发生故障，也不会有火花出现，避免将泄漏的燃气点燃发生事故。

5. 禁止未安装阻火器的车辆进入生产场所

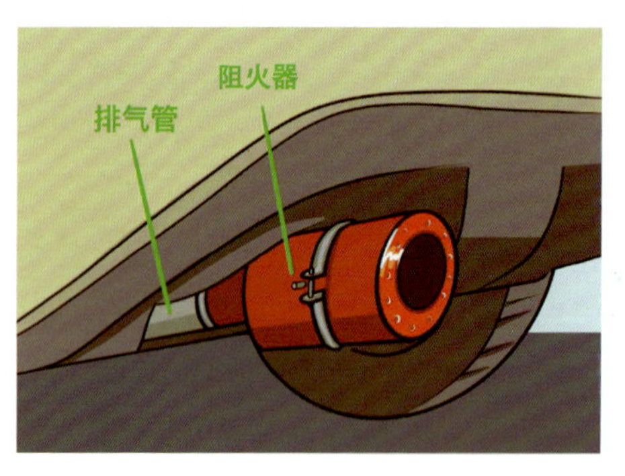

燃油机动车辆起动后，会从排气管处喷出火星。因此，进入易燃易爆场所的车辆要安装阻火器。

6. 使用明火要办理动火审批手续

企业内部有明火作业的场所，需要进行特殊防护。危险场所如果需要进行明火作业，一定要办理动火审批手续，由相关部门审批和配合（如企业消防队）才能进行作业，否则容易引起火灾。

动火作业许可证

申请人员姓名		申请人员所在单位或部门
动火地点及动火内容		
动火作业时间		
动火人员姓名		动火方式
动火级别		
危险、有害因素识别：		
采样分析		
用√标出涉及事项	动火部位所在部门负责的安全措施	落实人员确认签字
□		
□		
□		
□		
□		
□		

7. 不在室内给电动自行车电池充电

电动自行车电池在充电时容易发生故障而猛烈燃烧，短时间内即可引发难以扑灭的火灾，非常危险，故一定不要在室内给电动自行车电池充电。即使在室外开阔地点充电时，也要注意周围是否有易燃物，消除着火的风险。

可动火区标志

企业会在可动火区悬挂或张贴可动火区标志。在可动火区，通常有特殊的防护措施，不容易发生火灾，即使发生火灾，也有很好的灭火措施。因此，只能在可动火区进行明火作业。

去除火源标志

在易燃易爆危险场所，常常悬挂或张贴以上禁止标志，看到这种标志时，一定要遵照执行，否则可能会带来灾难性后果，切不可大意。

火灾警告标志

在火灾、爆炸危险场所，常常悬挂或张贴以上标志，看到这种标志时，一定要十分小心，按照要求进行操作，无关人员应马上离开，以免发生事故。

控制可燃物数量

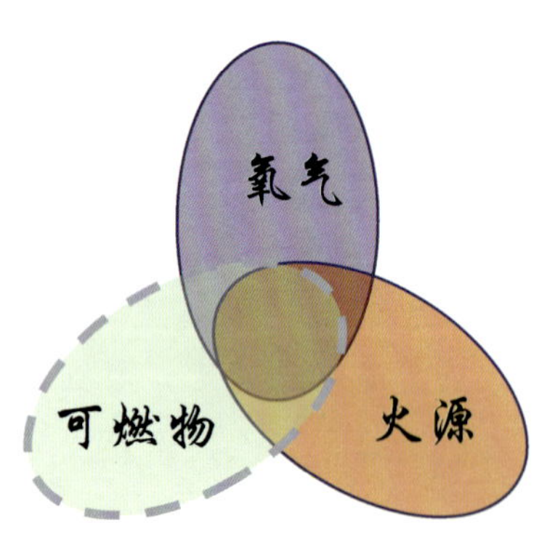

在无法彻底消除火源和氧气的场所一定要去掉可燃物，或控制可燃物的数量，以免发生难以扑灭的火灾。

控制可燃物数量的措施

1. 存在易燃气体的场所要加强通风。
2. 在动用明火场所移走附近可燃物。
3. 在化工车间、易燃粉尘车间要进行强制通风。
4. 进入有限空间作业前必须进行充分的强制通风换气。
5. 杜绝生产系统渗漏故障。
6. 及时清除可自热或可自燃的物品。
7. 物品堆垛之间要留有足够的隔离空间。
8. 数量较多的危险品要分开存放。

1. 存在易燃气体的场所要加强通风

有易燃气体存在的场所要加强通风，将飘散在空气中的易燃气体吹走，就会大大降低着火的危险性。例如，加油站一般没有围墙，就是为了加强通风，防止散逸在空气中的汽油不能及时被风吹走，遇火燃烧。

2. 在动用明火场所移走附近可燃物

在明火作业场所一定要移走附近的可燃物，也可将可燃物进行有效的隔离保护，以防明火引燃可燃物发生火灾。

3. 在化工车间、易燃粉尘车间要进行强制通风

化工车间、易燃粉尘车间易燃物多，且与空气充分混合，极易发生燃烧爆炸事故。因此，这种场所一定要进行强制通风，减少空间内可燃物的数量，降低发生事故的风险。

4. 进入有限空间作业前必须进行充分的强制通风换气

进入有限空间（例如窖、井、罐等）作业前必须进行充分的强制通风换气，以防有限空间内积聚的易燃气体发生火灾。另外，有限空间除了有发生火灾的危险外，还有使人窒息、中毒的危险，积聚的气体可能有毒，也可能使空气中的氧气含量降低，这些都可对人体产生伤害，所以还应佩戴自给空气呼吸器或长管呼吸器。

5. 杜绝生产系统渗漏故障

生产系统发生渗漏故障要尽快维修，并及时清除渗漏出来的可燃物，降低危险发生的可能性。例如，汽车漏油如不及时修理，在使用时很可能发生汽车自燃事故。

6. 及时清除可自热或可自燃的物品

有的物品虽然从表面上看不易发生自燃，但在一定条件下可与空气中的氧气发生氧化反应，放出热量，如热量没有及时散发出去，长时间积聚起来，能引起物品自燃。例如，煤堆、垃圾堆、堆在一起的沾油抹布等有时可自行燃烧，这样的事故并不少见。

7. 物品堆垛之间要留有足够的隔离空间

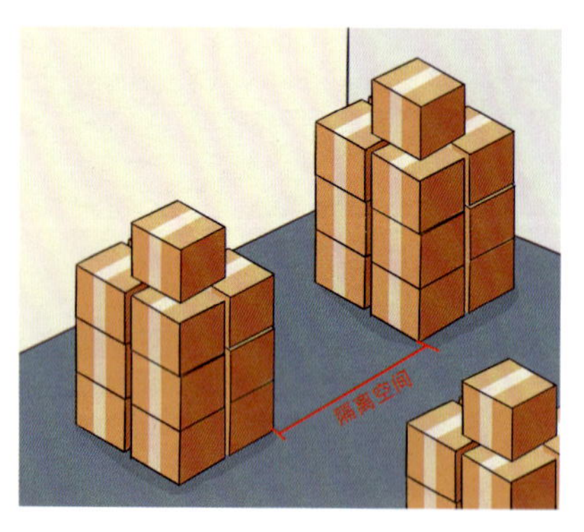

物品堆垛之间要留有足够的隔离空间。这是因为：一方面，假如一堆物品着火，利用隔离空间容易灭火；另一方面，也不容易引燃与之相邻的物品，可降低灾害发生的损失。

8. 数量较多的危险品要分开存放

数量较多的易燃易爆危险品存放在一处，一旦发生事故将会造成重大灾难性后果，救援难度极大。因此，要对危险品的存放量进行管理，不要在一个地方存放过量的危险品。另外，存放的危险品超过一定数量时，要加强管理，并报有关部门备案。

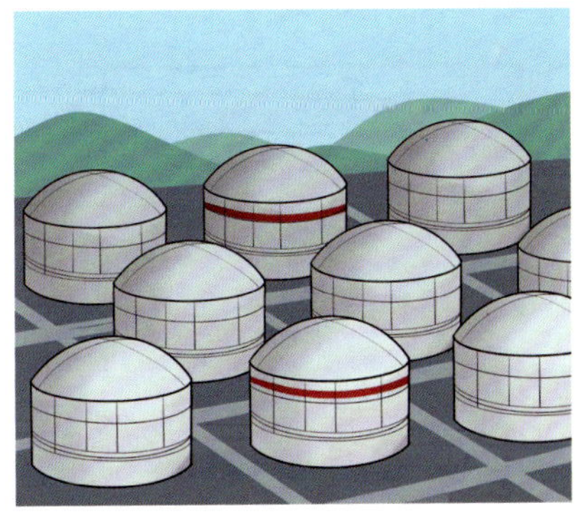

禁止放置易燃物标志

在难以消除火源或含氧浓度高的地方，常会悬挂或张贴禁止放置易燃物标志，一定要遵照执行，否则极有可能引发火灾。

常用灭火剂

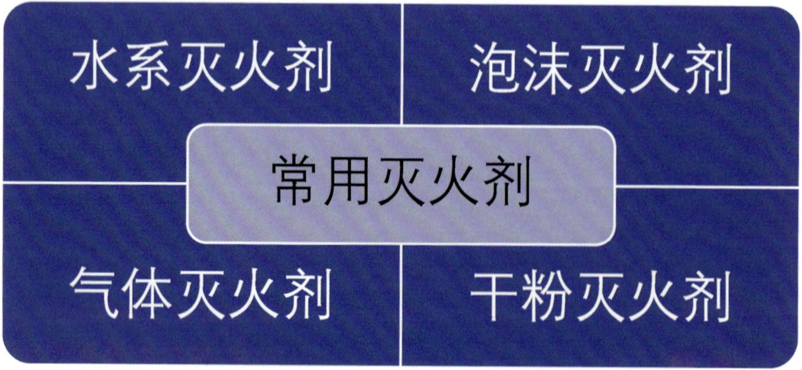

水系灭火剂

泡沫灭火剂

常用灭火剂

气体灭火剂

干粉灭火剂

水系灭火剂

水是常用的灭火剂，也可在水中加入化学物质，以增强灭火效果。水能使燃烧物迅速降温，使燃烧中止。水受热汽化时，大量水蒸气笼罩于燃烧物周围，可以阻止空气进入燃烧区，减少燃烧区内的氧气含量，阻止燃烧的发展。

水系灭火剂能扑灭的火灾种类

水系灭火剂主要用于扑救固体物质火灾，如木材、干草、煤炭、棉、毛、麻、纸张、塑料等引起的火灾。

水系灭火剂不能扑灭的火灾种类

密度小于水和不溶于水的易燃液体火灾，如汽油、煤油、柴油等。苯类、醇类、醚类、酮类、酯类及丙烯腈等大容量储罐着火也不能用水扑救。

遇水燃烧物质的火灾，如钾、钠、碳化钙等，应用沙土覆盖灭火。

硫酸、盐酸和硝酸引发的火灾。

带电火灾未切断电源前不能用水扑救，以防触电。有些水系灭火器采用超细喷雾的方式进行灭火，可用于扑救低压电器火灾，具体参见灭火器说明书。

高温状态下的化工设备，遇水降温会产生爆裂，不能用水扑救。

禁止用水灭火标志

在不能用水灭火的地方常常悬挂或张贴禁止用水灭火标志，看到这种标志时一定要遵照执行，否则可能适得其反，使事故扩大。

电动自行车、电动汽车等的动力电池着火后，需要用降温的方法灭火，目的是降低着火部位的温度，防止火灾蔓延，扩大灾情。有人认为，电池属于电气设备，不能用水灭火，会导致设备损坏。事实上，动力电池一旦着火，基本就丧失了经过修理可重复使用的性能，防止火灾扩大才是关键。

泡沫灭火剂

泡沫灭火剂的原理是使水溶液通过化学、物理作用产生大量气体后形成小气泡，覆盖在燃烧物表面，从而使燃烧物与空气隔绝，阻断火灾的热辐射，使火熄灭。同时，泡沫中的液体可以使燃烧物冷却，产生的水蒸气还可以降低燃烧物周围的氧气含量，能起到很好的灭火效果。

泡沫灭火剂能扑救的火灾

泡沫灭火剂能用于扑救易燃液体火灾。另外，由于泡沫在短时间内即可充满着火现场空间，特别适用于大空间灭火，广泛应用于石油化工、冶金、地下工程、大型仓库和贵重仪器库房等场所，例如，油罐区、液化烃罐区、地下油库、汽车库、油轮、冷库等。

泡沫灭火剂不能扑救的火灾

泡沫灭火剂能够导电，容易发生电击事故，不能扑救电气火灾。

不能扑救贵重物品或者是仪器仪表火灾，灭火后留下的污渍会把贵重物品损坏。

不能扑救遇水燃烧物质火灾，防止与水接触后，反而使火燃烧得更快。

气体灭火剂

气体灭火剂主要是二氧化碳灭火剂。灭火时，灭火器喷出的二氧化碳覆盖于着火点，使燃烧区域的氧气浓度降低，使火窒息熄灭。

气体灭火剂能扑救的火灾

气体灭火剂可以扑救可燃液体、固体火灾，特别是那些不能用水及泡沫、干粉灭火剂扑救的易损固体物质火灾。气体灭火剂不含水、不导电、无腐蚀性，对大多数物质无破坏作用，可用来扑灭精密仪器和一般电气火灾。

气体灭火剂不能扑救的火灾

二氧化碳灭火剂不适用于扑救钾、镁、钠、铝及过氧化钾、过氧化钠、有机过氧化物、氯酸盐、硝酸盐、高锰酸盐、亚硝酸盐、重铬酸盐等的火灾。

干粉灭火剂

干粉灭火剂是抑制灭火剂，灭火时，粉末落在燃烧物的表面，与燃烧物发生化学反应，抑制活性物质与氧气反应，使燃烧反应停止。同时，干粉在燃烧物表面形成一层覆盖层，达到隔绝氧气的目的，最终使火窒息熄灭。

干粉灭火剂能扑救的火灾

干粉灭火剂可用于扑灭固体、液体、气体燃烧引起的火灾和电气设备的初起火灾，常利用二氧化碳气体作为动力将干粉喷出灭火。

干粉灭火剂不能扑救的火灾

不能用干粉灭火剂扑救金属燃烧导致的火灾，因为金属燃烧过程中会产生化学反应，降低干粉的作用；不能用于扑救因锂电池造成的火灾，因为干粉灭火剂无法使锂电池内部温度降低，容易复燃；人体着火不能使用干粉灭火剂扑救，会使烧伤的皮肤受到二次伤害。

火灾分类

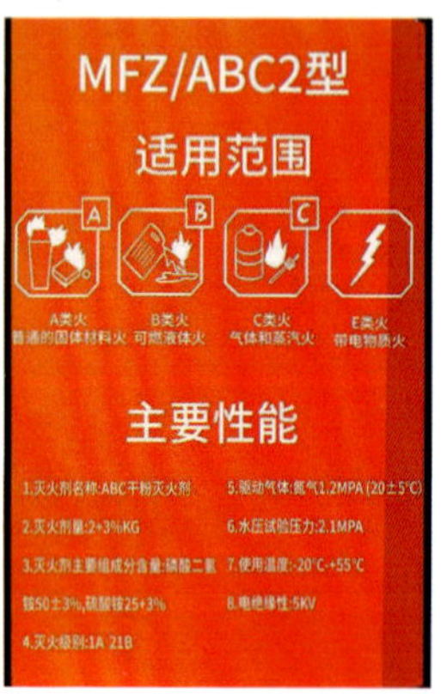

火灾分类有助于人们正确选择灭火剂和灭火器材进行灭火，尽快把火灾扑灭，以免造成更大的损失。

灭火器上通常标有可扑救火灾的类型，以便让人快速找到正确的灭火器进行灭火。

为了便于消防工作，依照国家标准，将火灾分为6类。

A类火灾，指固体物质火灾。

B类火灾，指液体或可熔化的固体物质火灾。

C类火灾，指气体火灾。

D类火灾，指金属火灾。

E类火灾，指带电火灾。

F类火灾，指烹饪器具内的烹饪物（如动植物油脂）火灾。

A类火灾

A类火灾指固体物质火灾。这种固体物质通常具有有机物质的性质，一般在燃烧时能产生炽热的余烬，如木材、干草、煤炭、棉、毛、麻、纸张、塑料等。

扑救A类火灾可选择水系灭火器、泡沫灭火器、磷酸铵盐干粉灭火器。

扑救A类火灾，在扑灭明火后，还要继续给炽热的余烬降温，以防复燃。

B类火灾

B类火灾指液体或可熔化的固体物质火灾，如煤油、柴油、原油、甲醇、乙醇、沥青、石蜡等火灾。

液体具有流淌的特性，火灾也会随着液体的流淌扩大燃烧范围。因此，扑救液体火灾的时候，可采用筑围堰的方式阻止液体流淌，将液体局限在一定的空间内，再集中力量进行灭火。值得注意的是，要防止着火的液体流入排水管道，以防着火的液体点燃排水管道中的沼气等易燃气体发生爆炸。

扑救B类火灾可视情况使用泡沫灭火器、碳酸氢钠干粉灭火器、磷酸铵盐干粉灭火器、二氧化碳灭火器等。

C类火灾

C类火灾指气体火灾，如煤气、天然气、甲烷、乙烷、丙烷、氢气等火灾。

可燃易燃气体具有爆炸性，扑救这类火灾的时候，要注意爆炸事故的发生。另外，有些气体具有毒性，或燃烧的产物具有毒性，在扑救这类火灾的时候，一定要佩戴好呼吸面具，以防中毒。

扑救C类火灾，可视情况使用干粉灭火器和二氧化碳灭火器。

D 类火灾

D 类火灾指金属火灾，如钾、钠、镁、钛、锆、锂、铝镁合金等火灾。

扑救 D 类火灾要用较为特殊的石墨、氯化钠、碳酸氢钠等材质的干粉灭火器，不能使用水系灭火剂进行灭火，以防火灾扩大。

储存易燃金属的场所要备有足够的灭火用的沙土，发生火灾时可用沙土覆盖进行灭火。

E 类火灾

E类火灾指带电火灾，即物体带电燃烧的火灾。

扑救带电火灾，首先要设法切断电源，以防灭火时触电。

电器发生火灾，一般可采用二氧化碳灭火器和干粉灭火器进行扑救。

F类火灾

F类火灾指烹饪器具内的烹饪物（如动植物油脂）火灾。

厨房可燃物多，常使用明火，容易发生火灾，是企业、家庭防火重点部位。厨房要常备灭火器，以防火灾发生造成巨大的损失。烹饪物着火不能用水系灭火器扑救，可用泡沫灭火器、二氧化碳灭火器和干粉灭火器。

思考

你的工作场所、生活场所可能发生哪种火灾？

针对工作场所、生活场所可能发生的火灾，你是否会正确选择合适的灭火器来灭火？

常用灭火设备

常用灭火设备包括各种类型的灭火器、消火栓和自动喷淋系统。灭火器布置比较灵活，各种场所随时可根据需要配备充足的、合适类型的灭火器；消火栓和自动喷淋系统要与建筑物同时建设。

灭火器

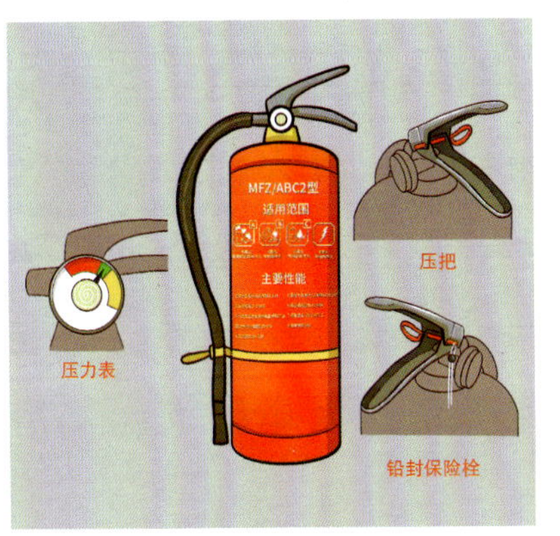

灭火器是由筒体、阀门（压把）、喷嘴、压力表、保险栓以及标签等组成，分手提式和推车式两种。

灭火器筒体

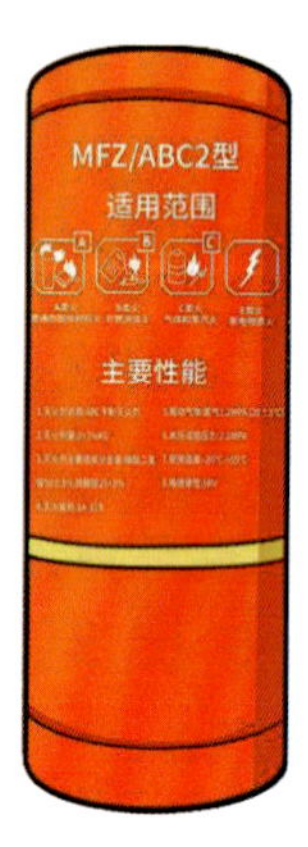

灭火器筒体中一般储存有灭火剂和具有一定压力的气体，使用时，灭火剂会随着气体喷出。泡沫灭火器筒体中存放有两种药剂，这两种药剂混合时能够形成大量的泡沫，用来灭火。

灭火器阀门（压把）

灭火器不用时，阀门处于关闭状态；使用灭火器灭火时，打开阀门，灭火器筒体中储存的灭火剂就会喷出灭火。

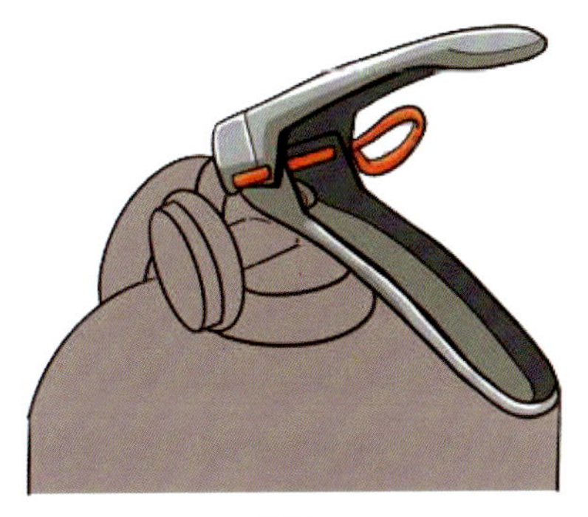

压把

灭火器喷嘴

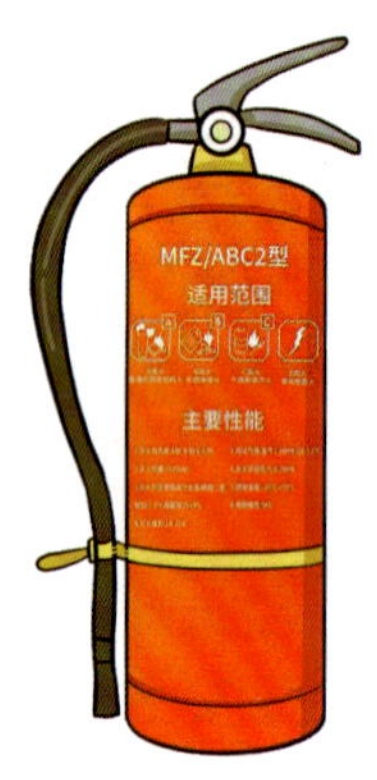

灭火器喷嘴用来将灭火剂喷向着火的物体，进行灭火。灭火时，要将灭火剂喷向火焰根部，这样灭火效率最高。

灭火器压力表

压力表

灭火器压力表用来指示灭火器筒体中的气体压力，如果压力太低，灭火器不能用来有效灭火，需要更换灭火器。一般灭火器压力表用红色、绿色和黄色来表示压力偏低、压力正常和压力过高。如果指针指向红色区域，就要重新对灭火器进行充装。

注意：二氧化碳灭火器没有压力表。

灭火器保险栓

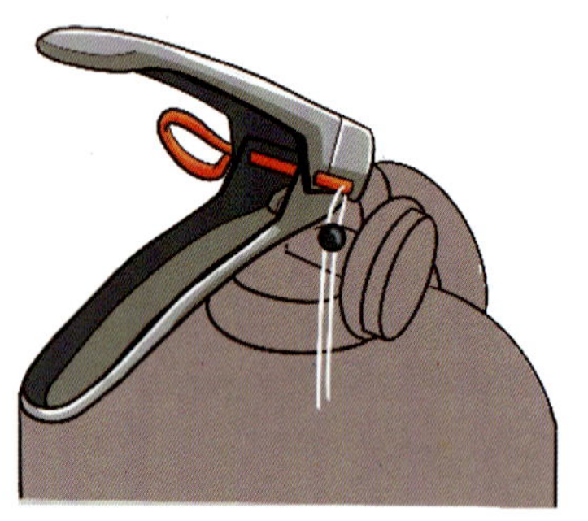

铅封保险栓

灭火器不用的时候，通过灭火器保险栓将灭火器阀门锁住，以保证灭火器不被误操作。当使用灭火器灭火的时候，需要用力拉动保险栓拉环，将阀门解锁后，才能使用。

灭火器标签

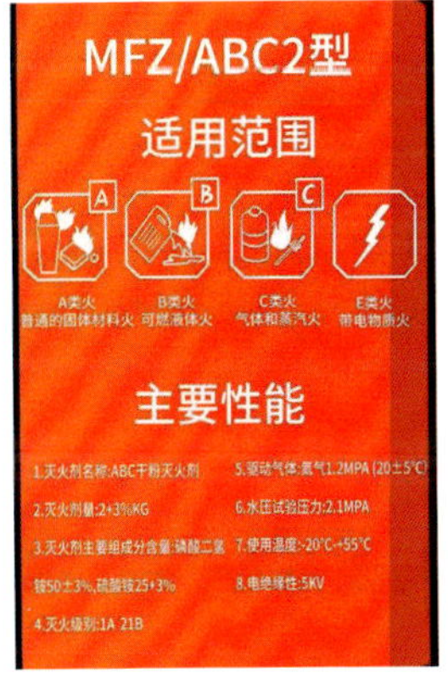

灭火器标签一般有以下信息：

生产（维修）日期和有效期。灭火器过了有效期要及时更换或维修。

扑灭火灾时，一定要选择合适的灭火器，否则，除了不能有效灭火外，还有可能扩大事故。

灭火器使用

灭火器使用步骤主要是6个字：选、看、提、拔、瞄、压。

选：查看标签，选择与火灾类型相匹配的灭火器。

看：查看灭火器有没有过期，看压力表指针是否在绿色区域。

提：提起灭火器，使用前上下晃动筒体，使灭火剂松动。

拔：拔下保险栓，为灭火做好准备。

瞄：将喷嘴瞄准火焰根部。

压：压下阀门（压把），对准着火物质，直至火灾被完全扑灭。

思考

观察家中备有的灭火器、车辆配备的灭火器和工作场所附近的灭火器标签，了解以下信息：

看灭火器是否在有效期内。

看灭火器适用于扑救哪几种火灾。

了解灭火器的使用方法。

消火栓

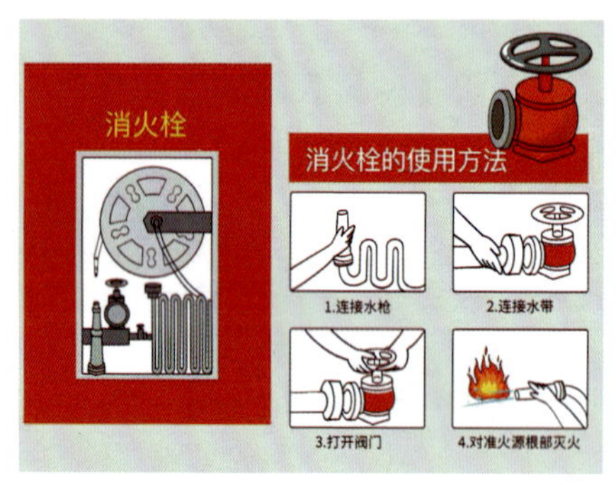

消火栓分为室内消火栓和室外消火栓两种，是建筑、市政工程的重要组成部分，主要用于灭火或为消防车提供水源。

注意：不要随意圈占、遮挡、埋压消火栓，以防火灾发生时不能及时使用，延误灭火时机。

自动喷淋系统

有的建筑安装有自动喷淋系统，通过烟感探头和温感探头感知是否着火，如果感知着火，会自动通过喷嘴喷出水雾进行灭火。

火灾处置与报警

发生火灾后，要迅速而冷静地进行判断，采取科学、合理的处置措施进行处理，避免灾害扩大。

火灾发展阶段

阶段	特点	扑救建议
初起	一般固体物质着火燃烧 10~15 分钟内，火灾面积不大，烟和气体的流动速度比较缓慢，辐射热较低，火势向周围发展蔓延比较慢，燃烧一般还没有突破房屋建筑外壳	扑救的最好时机，应该抓住机会将火彻底扑灭，必要时报火警
发展	燃烧强度增大，温度升高，气体对流增强，燃烧速度加快，燃烧面积扩大	需组织一定的灭火力量才能有效扑灭。如果有条件，应积极扑救，同时报火警
猛烈	火灾发展达到高潮，燃烧温度最高，辐射热最强，燃烧物质分解出大量的燃烧产物，温度和气体对流达到最高限度，建筑材料和结构的强度受到破坏，使其发生变形或倒塌	火灾扑救难度较大，需要专业消防力量进行扑救，注意自身安全，尽快离开火灾现场
衰减	随着可燃物燃烧殆尽、氧气不足或者灭火措施发挥作用时，火势开始衰减	抓住机会持续扑救，直至将火彻底扑灭
熄灭	当可燃物燃烧完毕或者燃烧场所氧气不足，或者灭火工作起效时，火最终熄灭	检查余烬，以防复燃

发现火灾时的正确处理程序

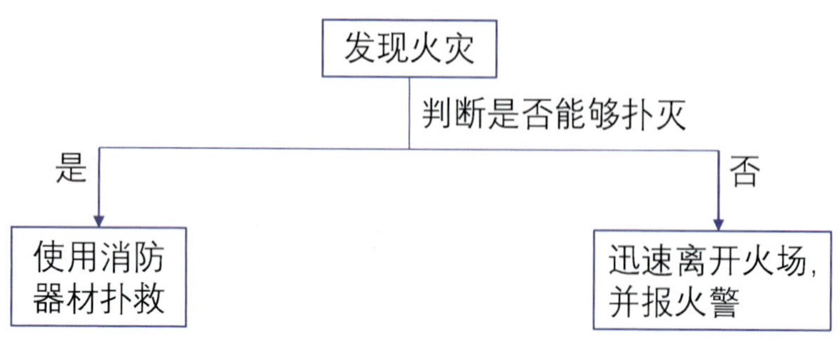

注意

离开火场时要果断，千万不要贪恋钱财、贵重物品，以免错过最佳逃生机会。

报火警

拨打“119”火警电话时，需注意以下几点：

讲请着火场所所在区县、街道、门牌号。

说请着火源和火势大小，以便消防救援部门调出相应的消防车辆。

说请报警人姓名和电话号码。

听请消防值班人员的询问，准确、简洁地予以回答，待对方说明可以挂断电话时，方可挂断电话。

报警后要到路口等候消防车，带领消防车去往火场。

注意：拨打火警电话是免费的，消防救援队灭火是免费的。

很多场所都配备了按下式火灾报警器，当发现现场着火后，可打开或击碎罩板，按下按钮，报警系统会被触发，自动向消防救援队发出火情信号。

按下式火灾报警器

思考

假如某个地方发生了火灾，正好被你发现了，请想一想电话报警的程序和需要报告的具体信息都有哪些。

火灾扑救

发生火灾时，如果火势还没有发展到无法控制的阶段，就要果断地采取措施进行扑救。如果扑救方法正确、及时，很多情况下火灾是能够扑灭的。

火灾扑救流程

弄清楚是哪类火灾（A、B、C、D、E、F类）。

选择正确的灭火器。

做好必要的防护。

携带灭火器通过安全通道进入火场。

规划好逃生路线。

使用灭火器进行灭火。

扑灭

检查是否还有隐燃，直到彻底熄灭

灭火失败

从安全通道尽快逃生

火灾扑救原则

火场有人受伤时，先救人后灭火。

火场带电时，先断电后灭火。

火场有爆炸性物品时，先处置爆炸性物品，再灭火。

火场有贵重物品时，如有可能，则优先保护贵重物品不受火灾、灭火剂的影响，但是火势发展迅速时，要优先灭火。

火灾扑救技术

先控制后扑灭：能够直接扑灭时直接扑灭，如果不能够直接扑灭，可先控制火势的蔓延，等燃烧物烧尽后再进行扑救。

思考

假如你生活、工作、学习场所发生了火灾，而且火势不大能够扑灭，你是否能够正确使用灭火器进行灭火？

假如你入住了一家酒店或者进入了陌生场所，你是否能够在第一时间了解建筑物的逃生通道？

火灾逃生

人的生命是最宝贵的，在任何情况下都要珍惜生命、远离危险。

当面临火灾威胁的时候，要沉着冷静，迅速想出应对之策，不可因慌乱误入危险之地。如果火势较小可以扑灭，则采取措施快速扑救；如果火灾扑灭难度较大，则要果断选择安全的撤离通道，迅速逃生。

火灾逃生原则

不要因抢救物资而失去逃生机会。

保持头脑冷静，不要盲目乱跑。

不乘坐普通电梯，以免因火灾造成的电梯停电被困于电梯中。

尽量逆风而行，尽快到达火灾上风侧，以免吸入有毒气体。

不轻易跳楼逃生，以免受重伤。

无路可逃时，要选择有利地势，固守待援。

用湿毛巾捂住口鼻，最好佩戴防毒面罩，防止吸入毒气。

打湿衣物保护身体，避免烧伤。

选择最合理的路线就近尽快撤离。

无法逃出时，利用有利空间创造条件固守待援，用衣物塞住缝隙防止烟气进入空间，打湿空间四壁阻止火焰进入。要想办法与外界取得联系，例如，通过敲击物体发出声音或利用光线传递信息，以便让救援人员迅速找到。

安全出口标志

公共场所建筑物内通常会悬挂或张贴安全出口标志，顺着安全出口标志上箭头所指方向，一般会到达建筑物外面，用于指示人们在发生火灾、地震等事件时，可以沿着箭头方向快速逃生，以免进入死胡同，延误逃生时机或者进入危险场所。

看懂逃生路线图

公共场所张贴的逃生路线图通常会标出"您在这里"，通过这个信息可以确定你所在的位置，顺着箭头所指方向可以找到逃生楼梯位置。值得注意的是，公共场所建筑通常在两侧都有逃生楼梯，如果住酒店时发现所在房间只有一个方向可以逃生，则说明建筑物不符合防火要求，可以要求更换房间。

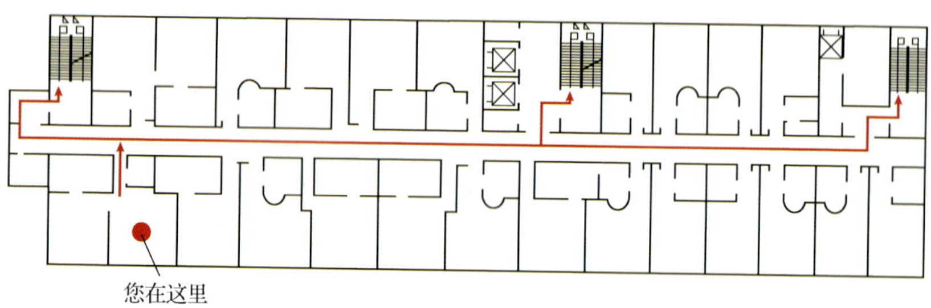

呼吸器和照明设备

酒店房间都要求配备有呼吸器和照明设备，如果发生了火灾，必要时可以佩戴好呼吸器，手拿照明设备逃生。

注意公共建筑物一般会有多个出口，当一个出口被大火堵住后，可以通过其他出口安全离开着火区。出口一般会设在建筑物的两端，避免形成死胡同而失去逃生的机会。

安全锤

多功能安全锤

公共交通工具里都设有击碎玻璃用的安全锤，当交通工具遇到危险，比如说发生火灾或沉入水中时，乘客可以使用安全锤击碎玻璃快速逃生。

用安全锤击碎玻璃时，要锤击玻璃框四周，不要锤击玻璃的中心点，否则不容易将玻璃击碎。

消防斧

建筑物安全通道门通常不会上锁，也有一些安全通道门会从一侧上锁，但在上锁的一侧备有消防斧，用于在紧急的时候打开门锁，创造逃生通道。

在逃生的时候，遇到这种情况要毫不犹豫地使用消防斧将门打开，迅速逃生。

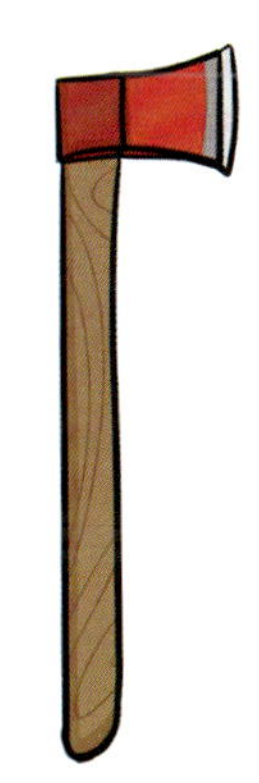

思考

熟悉你生活、工作、学习场所的逃生路线，假如某个地方发生了火灾，你是否知道通过哪条路线逃生更快、更安全？

企业及单位防火

火灾预防的关键是建立合理的制度并坚决执行，这是多年以来经验、教训的总结。企业及单位主要负责人是企业防火的第一责任人，要切实担负起防火责任，带领全体员工不折不扣地执行防火制度，为企业及单位营造一个安全的生产、工作环境。

企业及单位防火

1. 建立消防制度。
2. 消防检查。
3. 管控物资。
4. 电气线路管理。
5. 保持消防通道畅通。
6. 保持疏散通道畅通。
7. 安装火灾监测报警器材。
8. 配备充足、正确的灭火器材。

1. 建立消防制度

● 消防责任落实制度

企业及单位主要负责人领导，全员参与，制定合理的消防制度并坚决执行。

● 动火审批制度

企业及单位内使用明火要经过论证和审批，并有确保安全的措施。

● 消防值班制度

关键部位要配备值班人员，定期巡视，节假日也不例外。

● 消防报告制度

发现火灾或隐患向谁报告，接到报告后如何处置，如何一级一级上报给企业及单位主要负责人。

● 消防演练制度

消防演练要定期举行，以免事到临头慌乱误事，包括灭火演练和逃生演练。

2. 消防检查

组织相关人员进行定期和不定期的消防检查，尤其是在重大节假日期间，主要检查消防制度的落实情况以及存在的消防安全隐患。一般检查内容包括工作日常规检查、月检查和季节性检查等，对于月检查和季节性检查，通常要求企业及单位主要负责人亲自带队，被检查单位要全力配合，不能隐瞒情况。

3. 管控物资

要做好物资仓储管理，各种物资按要求分类堆放，相互间可以发生化学反应的物资要分开存放。物资堆垛间要留有足够空间，一来方便灭火，二来一堆物资着火不会引燃相邻物资。

仓库要求通风、散热，具有防风、防雨、防雷等功能。

物资入库、领用要做好相关登记和检查工作。

仓库要做好防火源、防静电等工作。

重要物资储存要格外小心，要有更严格的管理制度。

4. 电气线路管理

电气线路要有足够的容量，老化的电线要及时更换，以免使用时烧断引发火灾。电线绝缘破坏后要进行修理，以免发生触电或短路事故引发火灾。

5. 保持消防通道畅通

消防通道是用来通行消防车辆的，通常被画上黄色网状线，网状线区域内禁止停放任何车辆或堆放任何物资。一旦消防通道不畅通，发生火灾的时候，消防车辆不能迅速到达火灾现场进行救火，会造成很大的损失。

6. 保持疏散通道畅通

疏散通道是着火时供人们逃生用的通道，虽然不会经常使用，但绝对不允许被堵塞。一旦疏散通道被堵塞，火灾发生时，可能会导致人员无法及时逃生而发生严重的事故。

7. 安装火灾监测报警器材

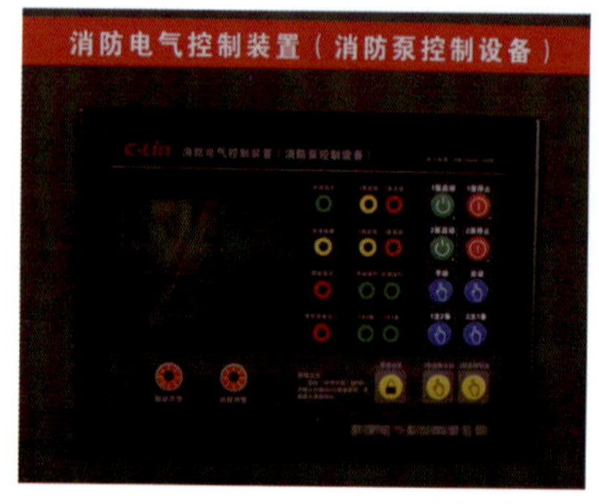

火灾监测报警器材可以使用现代科技设备准确监测区域内温度、烟雾的变化，从而感知是否有火灾发生，当火灾发生时，还可以自动进行报警。有的设备在报警的同时，还可以自动喷射灭火剂进行灭火。

8. 配备充足、正确的灭火器材

要根据现场实际情况配备充足、合适的灭火器材，并确保现场人员个个都会正确使用灭火器材进行灭火。要定期对灭火器材进行检查，确保其可靠性。灭火器材超过有效期，需要及时更换。

思考

你所在的企业有哪些消防制度？

人们是否不折不扣地执行消防制度？

你今后还会违反消防制度吗？

火灾急救

因火灾而受到的伤害主要是烧伤和吸入烟气导致的缺氧和中毒，有时候会伴随其他伤害，例如骨折、开放性外伤和触电等。火灾急救的顺序应该是先处理危及生命的因素，如保证呼吸和脉搏正常；再处理导致伤害加重的因素，如给烧伤部位降温；最后处理其他因素。在处置这种事故时，一定要先保障自身安全，确认周围环境安全后再施救。

火灾急救工作要遵循以下原则：

1. 先脱险后救治。

2. 先灭火后救治。

3. 先保证呼吸后处理外伤。

4. 先止血后固定。

5. 先固定后搬运。

6. 及时送医。

1. 先脱险后救治

施救前，一定要先将受伤人员移离火场、电场，以及烟雾和爆炸危险场所，否则受伤人员还会继续遭受伤害，使伤害加重，还可能使救援人员也受到伤害。

2. 先灭火后救治

对于被烧伤的人员，要先扑灭伤者身上的火苗，除掉衣物，想办法尽快给伤者降温，阻止烧伤进一步加重。

创面可用干净的水降温，阻止烧伤向深处发展。不要覆盖创面，不要涂任何药品，尽快送医院治疗。

3. 先保证呼吸后处理外伤

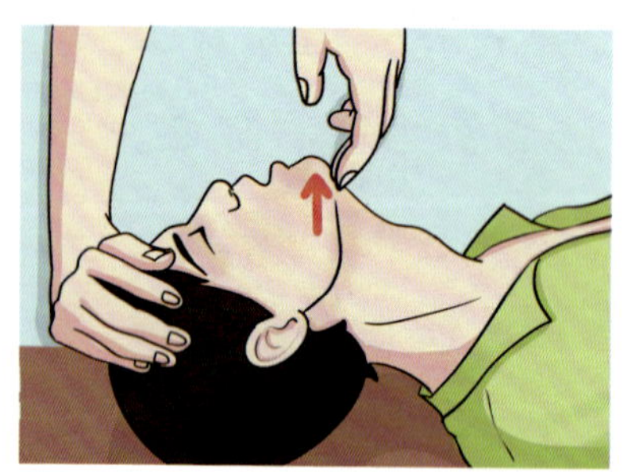

开放气道

没有顺畅的呼吸，伤者很可能很快就失去生命，因此要先确保伤者能够顺畅地呼吸，然后再处理外伤。

4. 先止血后固定

如果伤者同时存在开放性外伤和骨折，要先想办法止血，再进行骨折固定，失血太多会有生命危险。

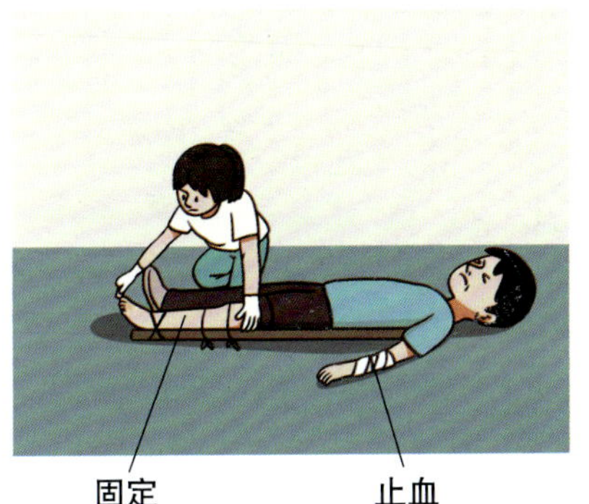

5. 先固定后搬运

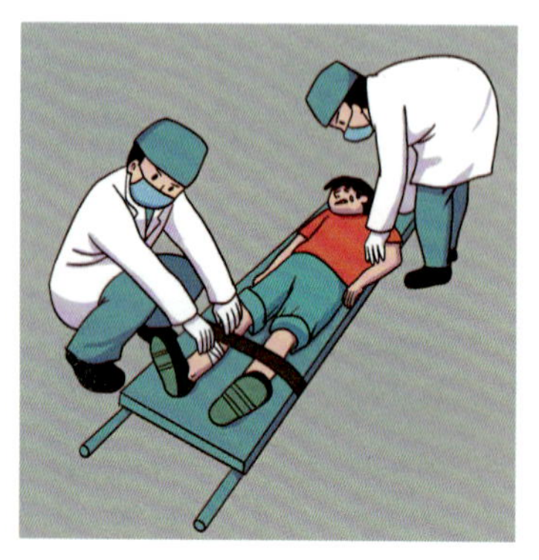

如果伤者存在骨折的情况，一定要先固定好骨折部位再进行搬运，以免加重伤情。

6. 及时送医

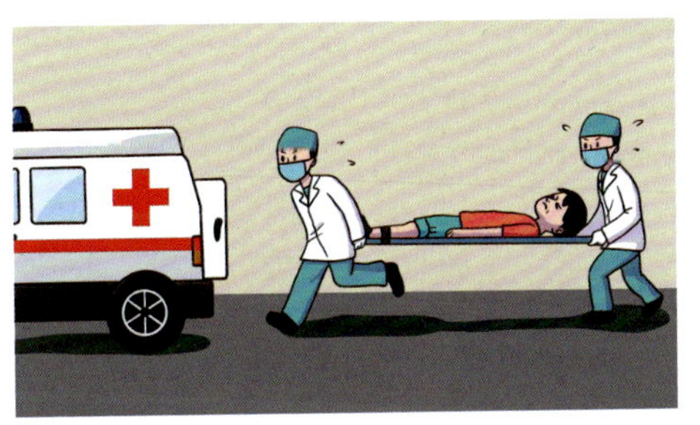

经过现场简单处置暂时脱离危险后，要及时将伤者送往医院进行检查和治疗，以免延误治疗时机。

思考

你听说过哪些火灾伤害事故？

如果遇到火灾受伤人员，你能够正确地进行救援吗？

消防安全评估

掌握了消防安全知识，就可以运用这些知识对家庭、办公场所、作业现场的消防安全进行评估。如果发现这些场所消防安全不达标，就要向负责人反映，尽早进行整改，消除隐患，从而彻底消除火灾发生的可能性，营造一个安全的生活、工作或学习环境。

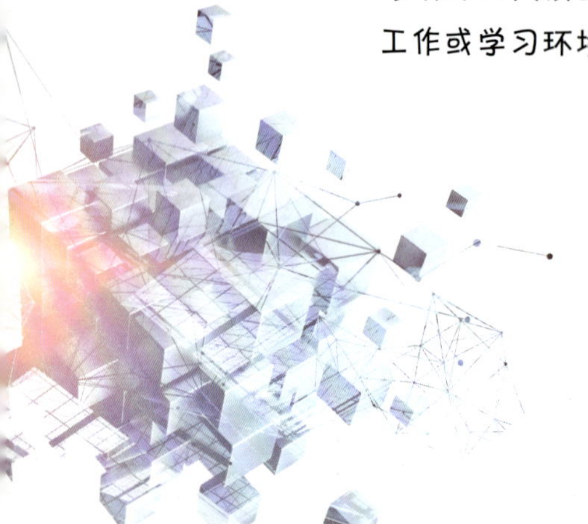

家庭消防安全评估

序号	潜在不安全因素		减分项	整改对策
1	家里有人吸烟		-12	戒烟或到固定场所吸烟，对烟蒂进行处理
2	厨房使用明火做饭		-10	用火时不能离人，安装燃气报警器、火灾报警器
3	电线布线时间超过 20 年		-8	必要时重新布线
4	电气线路频繁发生故障		-12	彻底检修线路故障
5	使用功率超过 2 千瓦的电器		-8	尽量不要使用大功率电器
6	做不到人走灯灭		-6	对家人进行教育
7	在家里给动力电池充电		-18	危险，不允许在家里给动力电池充电
8	无家用灭火器		-26	配备家用灭火器
	有灭火器	灭火器超过有效期	-6	更换有效期内的灭火器
		家人不是都会使用灭火器	-10	对家人进行灭火器使用培训
注意：总分 100 分，得分不足 60 分说明存在严重的消防安全问题，应尽快进行整改。				

办公场所消防安全评估

<table>
<tr><th>序号</th><th colspan="2">潜在不安全因素</th><th>减分项</th><th>整改对策</th></tr>
<tr><td>1</td><td colspan="2">有人吸烟</td><td>-12</td><td>戒烟或到固定场所吸烟，对烟蒂进行处理</td></tr>
<tr><td>2</td><td colspan="2">使用明火</td><td>-12</td><td>有用火审批手续，有防火措施</td></tr>
<tr><td>3</td><td colspan="2">私自使用大功率电器</td><td>-10</td><td>不允许私自使用大功率电器</td></tr>
<tr><td>4</td><td colspan="2">电气线路频繁发生故障</td><td>-12</td><td>彻底检修线路故障</td></tr>
<tr><td>5</td><td colspan="2">做不到人走灯灭</td><td>-6</td><td>对现场人员进行教育，必要时进行惩罚</td></tr>
<tr><td rowspan="3">6</td><td colspan="2">没有配备灭火器</td><td>-28</td><td>配备合适的灭火器</td></tr>
<tr><td rowspan="2">有灭火器</td><td>灭火器超过有效期</td><td>-6</td><td>更换有效期内的灭火器</td></tr>
<tr><td>不是每个人都会使用灭火器</td><td>-10</td><td>对现场人员进行灭火器使用培训</td></tr>
<tr><td>7</td><td colspan="2">逃生通道不通畅</td><td>-8</td><td>保证逃生通道通畅</td></tr>
<tr><td>8</td><td colspan="2">现场人员没有经过安全生产培训</td><td>-12</td><td>对现场人员进行安全生产培训</td></tr>
<tr><td colspan="5">注意：总分 100 分，得分不足 60 分说明存在严重的消防安全问题，应尽快进行整改。</td></tr>
</table>

作业现场消防安全评估

<table>
<tr><th>序号</th><th colspan="2">潜在不安全因素</th><th>减分项</th><th>整改对策</th></tr>
<tr><td>1</td><td colspan="2">有人吸烟</td><td>–10</td><td>戒烟或到固定场所吸烟，对烟蒂进行处理</td></tr>
<tr><td>2</td><td colspan="2">使用明火作业</td><td>–10</td><td>有用火审批手续，有防火措施</td></tr>
<tr><td>3</td><td colspan="2">电气线路频繁发生故障</td><td>–9</td><td>彻底检修线路故障</td></tr>
<tr><td>4</td><td colspan="2">做不到人走灯灭</td><td>–7</td><td>对现场人员进行教育，必要时进行惩罚</td></tr>
<tr><td>5</td><td colspan="2">现场存有易燃易爆物品</td><td>–9</td><td>严格控制火源，对易燃易爆物品加强管理</td></tr>
<tr><td rowspan="3">6</td><td colspan="2">没有配备灭火器</td><td>–22</td><td>配备合适的灭火器</td></tr>
<tr><td rowspan="2">有灭火器</td><td>灭火器超过有效期</td><td>–6</td><td>更换有效期内的灭火器</td></tr>
<tr><td>不是每个人都会使用灭火器</td><td>–10</td><td>对现场人员进行灭火器使用培训</td></tr>
<tr><td>7</td><td colspan="2">逃生通道不通畅</td><td>–7</td><td>保证逃生通道通畅</td></tr>
<tr><td>8</td><td colspan="2">安全生产规章制度不健全</td><td>–9</td><td>建立健全安全生产规章制度</td></tr>
<tr><td>9</td><td colspan="2">违章作业</td><td>–8</td><td>对违章作业人员进行教育，必要时进行惩罚</td></tr>
<tr><td>10</td><td colspan="2">现场人员没有经过安全生产培训</td><td>–9</td><td>对现场人员进行安全生产培训</td></tr>
<tr><td colspan="5">注意：总分 100 分，得分不足 60 分说明存在严重的消防安全问题，应尽快进行整改。</td></tr>
</table>

作者寄语

通过本书的学习，你已经是一名拥有较高消防安全素质的人员了，有能力承担更多的消防安全责任。无论是在家里、学校、办公区域还是作业现场，如果发现火灾隐患，要及时地向负责人反映；如果发现火情，要在确保自身安全的情况下采取合理措施进行处理；如果发现有人烧伤，要采取合理的救援措施予以帮助。只要人人都积极行动起来，"火"一定能够被驯服，只会服务于人，不会造成灾害。